Mis primeras palabras científicas

Palabras para la materia

Un libro de El Semillero de Crabtree

De Taylor Farley
y Pablo de la Vega

CRABTREE
PUBLISHING COMPANY
WWW.CRABTREEBOOKS.COM

materia

sólido

líquido

gas

estados

gaseoso
sólido
líquido

describe

largo,
pesado,
escamoso...

color

verde
azul
amarillo
naranja
rosa

tamaño

grande

pequeño

textura

suave

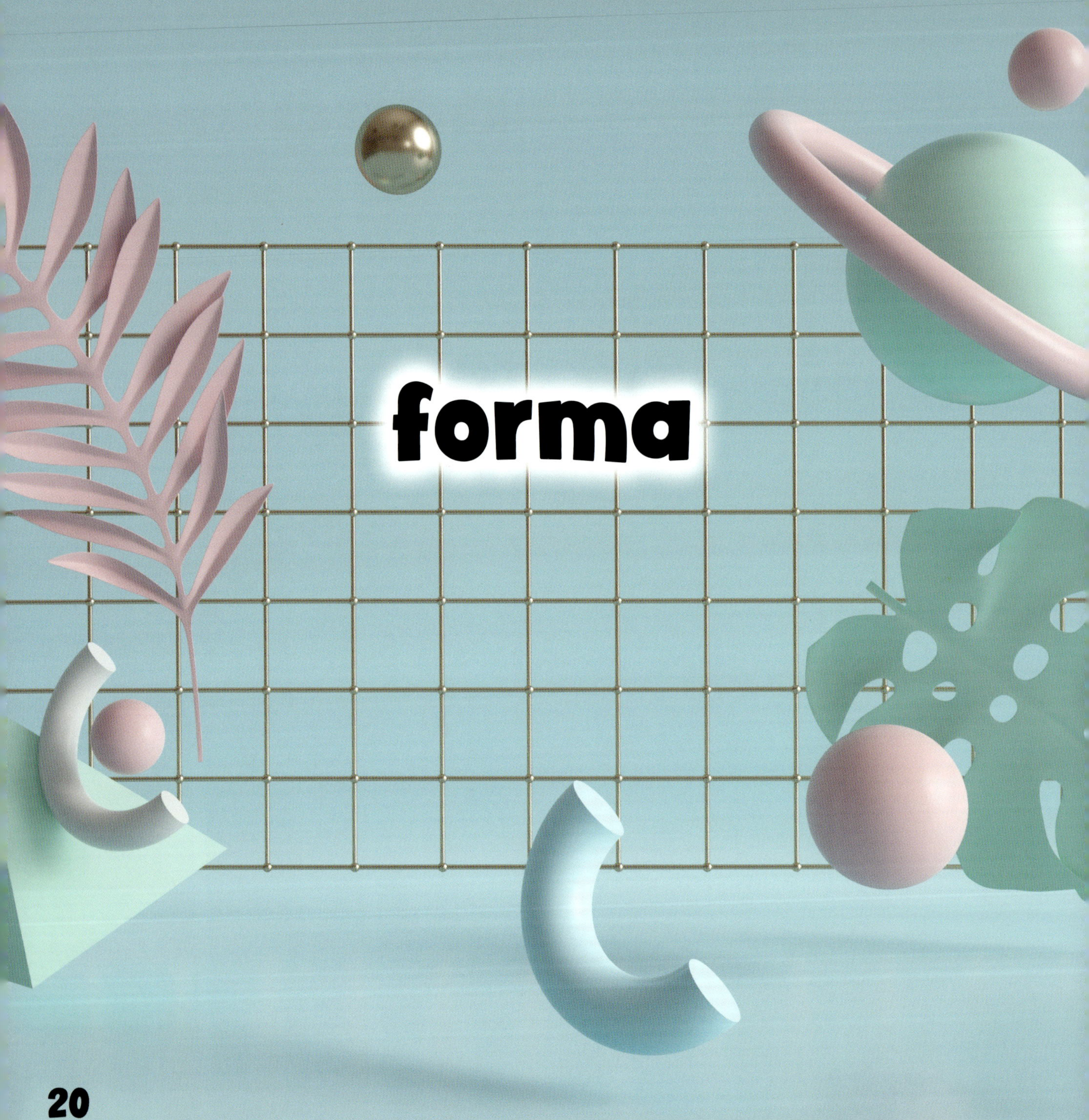
forma

peso

Glosario

color: El color es lo que vemos cuando la luz brilla sobre los objetos. Damos nombres a los colores, como rojo, blanco y amarillo.

describe: Cuando describes algo, explicas cómo es usando palabras.

estados: Los estados son las diferentes formas o tipos de materia. El hielo es el estado sólido del agua.

forma: La forma es el contorno de un objeto o figura. Una pelota tiene un forma redonda.

gaseoso: El gas es un tipo de materia que generalmente no podemos ver. El aire es un gas. Su estado es gaseoso.

líquido: El líquido es un tipo de materia que es húmeda y puede ser vertida. El jugo es un líquido.

materia: La materia es cualquier cosa que tenga peso y ocupe un espacio. La materia nos rodea.

peso: El peso es una medida que nos dice qué tan pesado es algo.

sólido: Un sólido es un tipo de materia que tiene forma y que no es líquida ni gaseosa.

tamaño: El tamaño nos dice qué tan grande es algo. Podemos medir el tamaño de distintas maneras.

textura: La textura es la apariencia y la sensación de algo. Una cuchara de plástico tiene una textura suave.

Apoyos de la escuela a los hogares para cuidadores y maestros

Los libros de El Semillero de Crabtree ayudan a los niños a crecer al permitirles practicar la lectura. Las siguientes son algunas preguntas de guía que ayudan a los lectores a construir sus habilidades de comprensión. Algunas posibles respuestas están incluidas.

Antes de leer:

- **¿De qué piensas que tratará este libro?** Pienso que este libro tratará sobre los tipos de materia.
- **¿Qué quiero aprender sobre este tema?** Quiero saber cuáles tipos de materia son similares y cuáles son diferentes.

Durante la lectura:

- **Me pregunto por qué...** Me pregunto qué otras palabras podría usar el niño de la página 13 para describir a la serpiente.
- **¿Qué he aprendido hasta ahora?** Aprendí que las palabras relativas al color, el tamaño, la textura, la forma y el peso nos indican de qué manera la materia es similar y diferente.

Después de leer:

- **¿Qué detalles aprendí de este tema?** Aprendí que los tres estados de la materia son sólido, líquido y gaseoso.
- **Lee el libro de nuevo y busca las palabras del vocabulario.** Veo la palabra *describe* en la página 12 y la palabra *textura* en la página 18. Las demás palabras del vocabulario están en las páginas 22 y 23.

Library and Archives Canada Cataloguing in Publication

Title: Palabras para la materia / de Taylor Farley y Pablo de la Vega.
Other titles: Matter words. Spanish
Names: Farley, Taylor, author. | Vega, Pablo de la, translator.
Description: Series statement: Mis primeras palabras científicas | Translation of: Matter words. | Translated by Pablo de la Vega. | "Un libro de el semillero de Crabtree". | Text in Spanish.
Identifiers: Canadiana (print) 2020041609X | Canadiana (ebook) 20210094508 | ISBN 9781427132345 (hardcover) | ISBN 9781427132390 (softcover) | ISBN 9781427135728 (read-along ebook)
Subjects: LCSH: Matter—Terminology—Juvenile literature. | LCSH: Chemistry—Terminology—Juvenile literature.
Classification: LCC QC173.16 .F3718 2021 | DDC j530—dc23

Library of Congress Cataloging-in-Publication Data

Names: Farley, Taylor, author.
Title: Palabras para la materia / de Taylor Farley y Pablo de la Vega.
Other titles: Matter words. Spanish
Description: New York : Crabtree Publishing, 2021. | Series: Mis primeras palabras científicas - un libro de el semillero de Crabtree | Includes index. | Audience: Ages 4-6 | Audience: Grades K-1 | Summary: "This book builds beginning vocabulary about the science of matter. Extremely helpful for elementary science preparation, eight words combine with a visual depiction so readers can see what the word means"-- Provided by publisher.
Identifiers: LCCN 2020056205 | ISBN 9781427132345 (hardcover) | ISBN 9781427132390 (paperback) | ISBN 9781427135728 (ePub)
Subjects: LCSH: Matter--Juvenile literature.
Classification: LCC QC173.16 .F3718 2021 | DDC 530--dc23
LC record available at https://lccn.loc.gov/2020056205

Crabtree Publishing Company
www.crabtreebooks.com 1–800–387–7650

e-book ISBN 978-1-950825-54-7

Print book version produced jointly with Blue Door Education in 2021

Written by Taylor Farley
Production coordinator and Prepress technician: Samara Parent
Print coordinator: Katherine Berti
Translation to Spanish: Pablo de la Vega
Edition in Spanish: Base Tres

Printed in the U.S.A./022021/CG20201215

Photo credits: Cover and page 5 legos © ESOlex, cover soda bottles © AlenKadr, cover and page 11 ice cube and gas illustrations © GraphicsRF, cover glass of water illustration © Lina Truman, cover and page 9 balloons illustration © Yganko, photo page 3 © FamVeld, page 7 juice © Theeradech Sanin, page 13 snake © shutterstock.com/ BLUR LIFE 1975 Editorial credit: Ekaterina Malskaya, page 15 colored powder © jkjainu, page 17 © dogs Erik Lam, page 19 spoon © onair, bumpy texture © Korelidou Mila, page 21 © wacomka, page 23 © Jesse Davis. All photos from Shutterstock.com. Page 24 © shutterstock.com/r.classen

Published in Canada
Crabtree Publishing
616 Welland Ave.
St. Catharines, Ontario
L2M 5V6

Published in the United States
Crabtree Publishing
347 Fifth Ave.
Suite 1402-145
New York, NY 10016

Published in the United Kingdom
Crabtree Publishing
Maritime House
Basin Road North, Hove
BN41 1WR

Published in Australia
Crabtree Publishing
Unit 3 – 5 Currumbin Court
Capalaba
QLD 4157